JN122226

昭和六年九月

昭和四年度
昭和五年度

# 製鹽地整理概況報告書

專賣局

## ◎ 本書に関して

本書は、『昭和四年度　昭和五年度　製塩地整理概況報告書』（専売局　昭和6年）を復刻したものです。

本書は、「製塩地整理ニ関スル法律」（昭和4年法律第52号）に基づき昭和4（1929）年から5年にかけて実施された製塩地整理（いわゆる「第二次製塩地整理」、「第二次塩業整備」）について、その計画から結果までの概況をとりまとめた報告書であり、以下のとおり章立てされた本文と、全九枚の統計表からなっています（原本にも目次はないので、本書にも目次は付けていません）。

一　製塩地整理ノ計画
二　整理製塩地選定ノ方針
三　交付金
四　製塩地整理ニ関スル法律省令
五　整理スヘキ製塩地ノ決定
六　交付金調査及交付
七　行政訴訟
八　整理ノ実蹟
九　整理事務従事員ノ勤労

今回の復刻は、原本からのスキャニングにより行っているため、原本の紙の汚れ等がそのまま復元されております。印刷汚れではないことをご理解いただけますようお願いいたします。

【書名について】

本書の復刻に使用した原本の背表紙には、『昭和四・五年度　製塩地整理概況報告書』の書名が記載されていますが、これは、発行後のいずれかの時点で保存のために再製本した際に略記されたものと推定されるので、原本の扉等に記載されている『昭和四年度　昭和五年度　製塩地整理概況報告書』がオリジナルの書名と判断し、こちらを採用しています。

令和三年九月　公益財団法人塩事業センター

# 製鹽地整理概況報告書

内地ニ於ケル製鹽地整理ハ多年ノ懸案ニシテ昭和二、三兩年度ニ亘リ其ノ計畫及準備調査ヲ遂ケ第五十六囘帝國議會ノ協賛ニ依リ昭和四年法律第五十二號ヲ以テ製鹽地整理法公布セラレ、昭和四年度及同五年度ニ亘リテ製鹽地ノ整理ヲ實行シ、近ク交付金交付ヲ了シ整理事務ノ完結ヲ見ムトス。仍テ茲ニ其ノ概況ヲ閣下ニ報告スルコトヲ得ルハ小官ノ深ク光榮トスルトコロナリ。

本報告ヲ爲スニ當リ本事業ノ圓滿ニ完了ヲ告クルヲ得タルハ一ニ整理事務ニ從事シタル各員ノ忠實熱誠各其ノ職務ニ盡瘁シタル結果ニ外ナラサルコトヲ茲ニ附記スルハ小官ノ義務ナリト信ス特ニ閣下ノ

御留意ヲ希フ。
謹テ概況ヲ叙シ及報告候也
昭和六年九月三十日
專賣局長官　平野亮平
大藏大臣　井上準之助閣下

## 一　製鹽地整理ノ計畫

內地及殖民地ニ於ケル鹽生產ノ過剩ヲ緩和シテ其ノ需給ヲ圓滑ナラシメ且內地ニ於ケル鹽價ノ低減ヲ圖ル爲內地製鹽地中比較的不良ナルモノヲ整理淘汰スルノ必要ヲ認メ昭和二年八月ヨリ其ノ準備計畫ニ着手シタリ。先ツ其ノ整理額程度ヲ調査スルニ、鹽ハ人類生活ノ必需品ニシテ他ニ代用品ナキニ鑑ミ其ノ供給ヲ確保スル爲相當範圍ノ製鹽地ヲ內地ニ保有スルノ必要アルノミナラス將來ノ人口增加ニ因ル鹽ノ需要增加量其ノ他整理ニ由ル失業問題乃至內地產業ニ及ホス影響等ヲ考慮シ急激極端ナル淘汰整理ハ之ヲ避クルノ要アリ。是等諸般ノ事情ヲ稽ヘ製鹽地段別約千百町步（全國總段別五千七百四十町步ノ約二割ニ當ル）此ノ鹽生産高約一億五千萬斤（全國總生産高十億七千萬斤ノ約一割四分ニ當ル）ヲ整理シテ内地製鹽地約四千六百町歩ヲ保留セハ製鹽改良ニ由ル生産增加ヲ考量シ將來鹽供給上格別ノ支障ナク而シテ其ノ不足額ノ補給ヲ移輸入鹽ニ俟ツコトトセハ内地鹽及殖民地鹽ノ生産過剩ヲ適當ニ緩和シ得ルノミナラス尙年々移輸入鹽ヲ以テ補給スル爲ニ生スヘキ鹽賣渡差益ノ增加竝回送費及整理ニ因ル廳費ノ節約額ノ計二百十四萬六千餘圓、不良製鹽地淘汰ニ因ル鹽生産費ノ低減額四十八萬餘圓合計二百六十二萬餘圓ヲ整理後内地ニ於ケル一般用途鹽十三億二千九百餘萬斤ノ鹽價低減ニ充當スレハ鹽百斤當賣渡價格十九錢七厘ヲ低減シ得ルノ見込ナルヲ以テ此ノ程度ニ於テ整理スルノ計畫ヲ樹テタリ。

## 二 整理製鹽地選定ノ方針

整理スヘキ製鹽地ハ瀬戸內海沿岸ノ所謂十州主產地ト千葉、宮城、石川、鹿兒島其ノ他諸縣ニ散在スル小產地トヲ問ハス全國總製鹽地中ヨリ

（イ）現ニ比較的生產力低ク且生產費高キモノ

（ロ）地勢其ノ他ノ關係上將來發達竝永續ノ見込乏シキモノ

ヲ選ヒ製鹽地整理ノ地方經濟ニ及ホス影響竝製鹽從業者ノ轉業關係ヲ愼重考慮シテ取捨決定スルノ方針ヲ以テ先ツ昭和二年八月地方專賣局ニ通牒シテ全國製鹽地ノ採鹹地一段當鹽生產高（大正十一年ヨリ昭和元年ニ至ル五箇年平均）ヲ各製鹽地每ニ調査セシメ次テ同年十月一段當鹽生產高一萬七千斤

未満（全國平均段當生産高一萬八千斤）ノ製鹽地毎ノ鹽生産費及各製鹽地ノ位置環境ヲ明カニシタル地圖ヲ提出セシメ前記標準ニ該當スル製鹽地段別二千三百四十餘町歩（鹽生産高三億七百四十六萬斤）ヲ選ヒテ之ヲ整理候補地トシテ諸般ノ調査ヲ進行スルコトトシ一面當局員ヲ全國製鹽地地方ニ出張セシメ製鹽地ノ實狀及製鹽地整理カ地方經濟ニ及ホス影響、跡地利用ノ能否、當業者ノ轉業ノ難易等ヲ實地ニ就キ調査セシメタルニ十州以外ノ小産地（生産力低ク且生産費比較的不廉ナルモノ）中ニハ他ニ産業ノ見ルヘキモノ存セス且跡地モ亦利用ノ途ナク一朝製鹽業ヲ禁止セラレムカ鹽業關係者及其ノ家族ハ忽チ生活ニ窮スル地方アリ又十州主産地ニ在リテモ經濟上ノ打撃甚大且鹽業關係者ノ轉業困難ニシテ整理ヲ斷行スルニ忍ヒサル地方アルヲ以テ是等ノ實狀ヲ深ク稽査シ更ニ地方專賣局事業課長（昭和二年十一月會同ヲ利用)及地方專賣局長(昭和三年四月會同ヲ利用)ノ意見ヲモ參考トシ可及的整理ニ因ル打擊ヲ輕減スルノ目的ヲ以テ一地方ニ偏シタル深刻ナル整理ヲ避ケ尙殘存隣接鹽田ニ對スル關係ヲモ考察シ反覆念査審議ヲ重ネ前記整理候補地ヲ取捨選擇シテ大約所期ノ採鹹地段別及生產高ニ相當スル程度ノ整理豫定地ヲ選定シタリ。

## 三 交付金

整理スヘキ製鹽地ノ鹽製造者、製鹽地所有者、製鹽用ノ建物設備器具器械ノ所有者ニ對シテハ明治四十三、四年度ノ製鹽地整理ノ際交付金ヲ交付シタル事例アリ今回ノ整理ニ於テモ之ヲ交付スルノ必要ヲ認ムルハ勿論更ニ社會ノ實情ニ鑑ミ製鹽地整理ニ因リ生業ヲ失フヘキ製鹽從業者ニ對シテモ是カ救濟ニ付考慮セリ。

（イ）鹽製造者交付金

鹽製造者及製鹽從業者ニ對シテハ轉業手當ヲ給與スル目的ヲ以テ鹽製造者ニハ其ノ二箇年分ノ純益額ニ當ル納付鹽賠償金額一箇年分（大正十四年ヨリ昭和二年ニ至ル三箇年分平均）ノ二割ヲ、製鹽從業者ニハ約三箇月分ノ給料額ニ相當スル納付鹽賠償金額一箇年分（同上期間ノ平均）ノ一割ヲ給與スルノ趣旨ヲ以テ後者ハ之ヲ前者ニ加算シ合計ニテ納付鹽賠償金額一箇年分ノ三割ヲ一先ツ鹽製造者ニ交付シ、製鹽從業者ニハ夫々鹽製造者ヨリ分配セシム

（ロ）製鹽地所有者交付金

鹽製造禁止前ノ價額ト禁止後ノ價額トノ差額ヲ交付金トシテ交付ス

但シ加工シテ利用シ得ヘキ見込アルモノハ其ノ成工後ノ見込價額ヨリ加工費及金利ヲ控除シタル額カ加工セサル禁止直後ノ價額ヨリ大ナルトキハ禁止後ノ價額ハ加工利用ヲ爲スモノトシテ認定ス

(ハ) 建物設備器具器械所有者交付金

鹽製造禁止前ノ價額ト禁止後利用ノ能否ヲ勘案シテ認定シタル價額トノ差額トス

以上ノ方針ヲ基礎トシテ交付金豫算ヲ見積ル爲昭和三年一月地方專賣局ニ通牒シテ整理候補地ニ關スル

鹽納付高及納付鹽賠償金額調書

製鹽地現在價額調書

製鹽地標準價格調書

製鹽地利用見込調書

製鹽地加工費標準價格調書

製鹽用建物價額調書

製鹽用建物標準價格調書

設備器具器械價額及利用見込調書

設備器具器械標準價格調書

製鹽地所有者收支調書

等ノ調製提出ヲ求メタリ。此ノ調査ハ交付金豫算ノ基礎トナルモノナレハ愼重念査ヲ要シ且建築土木業者、機械工、鍛治職等ノ專門家ノ意見其ノ他各般ノ材料ヲ蒐集セサルヘカラス而モ時未タ整理發表前ニシテ當業者、地方官民ハ勿論專賣官署員ト雖整理事務擔當者以外ノ者ニ對シテハ嚴祕シテ短期間ニ調査報告ヲ要スル事情アリ尙此ノ調書ハ鹽製造者又ハ製鹽地所有者別、製鹽場別トナスノ煩モアリ爲ニ地方專賣局員ハ數十日間早出、夜勤ヲ繼續シテ調査ヲ完了シタリ。

## 四　製鹽地整理ニ關スル法律省令

以上諸般ノ資料ニ依リ內地鹽田約一千一百町步（外ニ休止中ノモノ百八十餘町步）ノ鹽生產高約一億五千萬斤ヲ目標トシテ整理スルニハ交付金約一千三百萬圓ヲ要スル見込確立シタルヲ以テ交付金ニ關スル法律案ヲ起草シ其ノ成案ヲ得テ省議、閣議ヲ經由シ第五十六議會ニ議案トシテ提出シタリ。該法律案ノ主要事項左ノ如シ。

一　鹽ノ製造ヲ禁止シタルトキハ政府ハ禁止ノ際ノ鹽製造者、製鹽地所有者、現ニ鹽ノ製造ニ專用スル建物設備器具器械ノ所有者ニ對シテ其ノ請求ニ依リ命令ノ定ムル所ニ依テ交付金ヲ交付ス

一　昭和四年三月ニ於ケル實況ニ依リ鹽ノ製造ヲ廢止シタリト認ムヘキ製鹽地ニ付テハ鹽製造者、製鹽地及之ニ附屬スル建物設備器具器械ノ所有者ニ對シテハ交付金ヲ交付セス

一　交付金ノ種別及其ノ決定方法（前項ニ記述セシヲ以テ再述ヲ省ク）

一　製鹽地ノ見積價額、禁止後見込價額ハ鑑定人ノ意見ヲ徵シテ政府決定シ、建物設備器具器械ノ價額ヨリ製鹽禁止後ノ見込價額ヲ控除シタル金額ハ當事者トノ協議ニ依リ之ヲ定ム其ノ協議調ハサルトキハ鑑定人ノ意見ヲ徵シ政府決定ス

一政府ノ決定ニ不服アルモノニハ其ノ申立ノ途ヲ開キ不服申立アリタルトキハ政府ハ更ニ鑑定人ヲ選定シ其ノ意見ヲ徴シテ裁定ス、其ノ裁定ニ不服アルモノハ行政裁判所ニ出訴スルコトヲ得

一交付金ハ總額千三百萬圓以内トシ五分利付國債證券ヲ以テ交付ス但シ鹽製造者ニ對スル交付金ノ一部及公債ノ端金ハ現金ヲ以テ交付ス

而シテ此ノ法律案ハ衆議院委員會ニ於テ製鹽從業者交付金ヲ納付鹽賠償金額一箇年分ノ一割五分ニ(ヲ一割)増額スルノ趣旨ヲ以テ鹽製造者交付金ヲ同賠償金額一箇年分ノ三割五分ニ(ヲ三割)修正ノ上貴衆兩議院ニ於テ可決セラレ昭和四年四月五日法律第五十二號ヲ以テ公布セラレタリ。依テ當局ニ於テハ該法律施行ニ關スル細則ヲ起案シ審議ヲ

重ネタル上之ヲ省議ニ付シ昭和四年五月大藏省令第六號ヲ以テ該施行規則ノ公布ヲ見タリ。次テ交付金ヲ交付セラルヘキ器具品目ヲ調査決定シ尙製鹽地整理事務取扱手續ヲ制定シ又事務取扱方注意事項(百九十四箇條)ヲ關係地方專賣局ニ通牒シ且局員ヲ地方專賣局ニ派シ製鹽地整理ニ關スル法規ノ說明質疑應答等ニ當ラシメ事務連絡竝交付金調査ノ正確統一ヲ圖リタリ。

## 五　整理スヘキ製鹽地ノ決定

前叙ノ如ク整理地ノ選定ニ付テハ嚴祕ノ裡ニ愼重調査ヲ進メタルモノナレトモ昭和三年二、三月ノ頃早クモ製鹽地地方ニ於テハ政府カ製鹽地整理ノ計畫ヲ有スルコトヲ察知シテ各所轄地方專賣局ニ整理免除ヲ陳情スルモノ漸ク多ク尙當局實地調査員ノ出張ヲ見ルヤ町村長、鹽業組合幹部、鹽田地主、製鹽業者又ハ其ノ從業者等ハ之ヲ要訪シテ地方經濟上ノ打擊、轉業又ハ跡地利用ノ不能、鹽業關係者ノ生活ノ脅威等ヲ理由トシテ整理除外ヲ熱心ニ縷々哀願セリ。製鹽地整理ニ關スル法案議會ニ提出セラルルヤ此ノ種ノ陳情ハ全國的ニ一層激甚トナリ代議士、地方長官、町村長、地主、鹽業組合幹部等上京出局シテ交々窮狀ヲ訴フルモノ相次キ其ノ應接ノ煩累ニ堪エサルモノアリタリ。昭和四年四月地方專賣局長會同ヲ機トシ再度其ノ意見ヲ徵シテ更ニ整理豫定地ヲ審議シ尙整理實行ヲ二年ニ區分シテ第一年ハ東京、仙臺、名古屋、金澤、大阪、坂出、德島、福岡、鹿兒島ノ九地方專賣局管內、第二年ハ岡山、廣島兩地方專賣局管內ニ於テ行フコトトシ第一年整理地ハ昭和四年五月二十五日大藏省告示第八十五號ヲ以テ同年九月三十日限リ鹽ノ製造ヲ禁止シテ採鹹地段別八百十三町歩（此ノ一箇年ノ鹽生産高八千八百八十一萬三千斤）ヲ整理シタリ（別紙第一表參照）

此ノ整理發表ニ依リ坂出地方專賣局多喜濱（愛媛縣）出張所々屬區域多喜濱村民ハ同村三喜濱鹽田ノ整理ハ地主ノ希望ニ因ルモノニシテ一地主ノ爲一村カ産業經濟上ニ甚大ナル影響ヲ受クルカ如キハ忍フ能ハサル所ナリトノ理由ヲ以テ村民大會及村會ノ決議ニ依リ村長及村會議員數名上京數箇月滯在シテ屢當局ニ出頭強硬ニ整理取消ヲ陳情シタルモ元來此ノ反對運動ハ一部野心家ノ使嗾ニ起因シタルモノノ如ク後當該整理鹽田地主ヨリ村ニ對シテ若干ノ寄附金ヲ贈ルコトトナリテ程ナク鎭靜ニ歸シタリ。　又名古屋地方專賣局吉田（愛知縣）出張所及鹽津（同縣）專賣官吏派出所兩區域內鹽業者數百名當局出張員ヲ出張先ニ訪問シテ整理發表取消ヲ陳情シタルモ其ノ止ムヲ得サル事情ヲ說明シタルニ是亦諒解平靜ニ歸セリ其ノ他ノ製鹽地ニ在リテハ整理發表後ハ格別ノ事ナク平穩ニ經過シタリ。

第二年整理豫定地ニ當ル廣島地方專賣局平生（山口縣）出張所區域內製鹽從業者ハ鹽田地主ヨリ整理希望ノ申出アリタル風評ヲ聞キテ極度ニ恐慌シ昭和五年一月平生町民ト相謀リ整理中止同盟會ヲ組織シ町長ヲ會長ニ推シテ屢大會ヲ開キ更ニ隣村曾根村及大野村ヲ勸誘シテ是ト提携シ當該出張所ニ對シ大擧不穩ナル陳情運動ヲ爲シ其ノ代表委員等ハ數度廣島地方專賣局ニ出頭シ尙屢上京シテ當局ニ陳情セリ、此ノ他ノ地方モ亦陳情書ノ提出、陳情委員ノ上京運動スルモノ少カラスシテ岡山、廣島兩地方專賣局管内一齊ニ相當動搖ヲ見タリ。元來此ノ兩地方專賣局管内鹽田ハ各般ノ條件比較的良好ニシテ且製鹽ノ規模一般ニ大ナルヲ以テ整理ニ因ル經濟上ノ影響亦多大ナレハ地方ノ情勢ハ整理ヲ喜ハサル傾向顯著ナリ會々坂出地方專賣局直轄丸龜鹽田及土庄（香川縣）出張所區域内淵崎鹽田ノ地元市長、村長及地主、鹽製造者ヨリ整理希望ノ申出アリタルニ依リ此兩鹽田ヲ併テ整理シ以テ前記兩地方專賣局管内ノ整理地域ヲ緩和スルコトトシ尙第二年整理地域決定前當局員ヲ關係三地方專賣局管内ニ派遣シ整理豫定鹽田ノ實狀竝地方ノ情況ヲ更ニ仔細ニ調査セシメタリ。

當年ノ製鹽地整理ニ對スル各地方ヨリノ整理免除ノ陳情乃至反對運動ハ前年ト同樣相當猛烈ナリシカ就中黑崎山口縣知事ノ如キハ地方

長官會議席上ニ於テ鹽田整理反對ノ意見ヲ發表シ又山口縣平生町長ハ昭和五年五月臨時帝國議會ニ對シテ整理免除ノ請願書ヲ提出セル等ノコトアリタリシカ當局ハ實地調査員ノ復命竝岡山、廣島及坂出地方專賣局長ノ意見ヲモ參酌シテ愼重審議ノ上第二年分整理製鹽地ヲ決定シ昭和五年六月十六日大藏省告示第百二十六號ヲ以テ製鹽禁止地ヲ發表シ同年九月三十日限リ鹽ノ製造ヲ禁止シテ採鹹地段別三百五十五町八段歩(此ノ一箇年鹽生産高六千百五十一萬二千斤)ヲ整理シタリ(別紙第二表、參照)。

而シテ前述ノ如ク當年整理發表前ニ於テ激烈ナリシ整理除外ノ陳情運動モ整理發表後ハ各地方共極メテ平靜ニシテ平生町長ノ如キハ特ニ上京シテ其ノ整理ノ輕微ナリシコトヲ感謝シタリ唯曩ニ整理希望ノ申出アリシ丸龜鹽田地主ハ整理鹽田跡地處分ノ見込違ヒヲ理由ト

シテ整理發表取消ノ請願書ヲ提出シタルモ後之ヲ取下ケタリ。

## 六　交付金調査及交付

交付金ノ調査ハ豫備調査、本調査及審査ニ分ツ卽チ豫備調査ニテハ禁止製鹽地告示後直ニ着手シテ各般ノ資料ヲ蒐集シテ標準價格評決書及交付金調査書ヲ作成シ、本調査ニテハ製鹽禁止後交付金交付申請書ノ提出ヲ待ツテ交付金ヲ交付スヘキ物件ニ照合シテ交付金調査書ヲ精査シ鑑定又ハ協議ヲ經テ調査ヲ完結シ其ノ關係書類ハ之ヲ地方專賣局ヨリ當局ニ送付シ、最後ニ審査ニ於テ其ノ進達ニ係ル關係書類ヲ當局ニテ更ニ精密審査シテ交付金ヲ確定シ之ヲ交付スルノ順序方法ヲ執リタリ。

(イ) 鹽製造者交付金

鹽製造者交付金ハ大正十四年ヨリ昭和二年ニ至ル三箇年ノ平均一箇年分納付鹽賠償金額ヲ基本トシテ其ノ三割五分ヲ交付金トナスモノナルヲ以テ其ノ納付鹽賠償金額ヲ製造人別及年別ニ調査（事故アルモノハ專賣官署ニ於テ納付鹽賠償金額ヲ決定ス）シテ交付金調査書ヲ作成シ交付金交付申請書ノ提出ヲ待ツテ本調査ニ入リ更ニ交付金調査書ヲ精査シ第一年整理第二年整理共其ノ年十月乃至十一月中ニ地方專賣局ニ於ケル調査ヲ完了シテ關係書類ヲ當局ニ進達シ來リ當局ニ於テ關係書類全部ニ就キ根本的ニ精細審査ヲ遂ケ第一年整理分ハ其ノ年十二月ヨリ翌年三月迄ニ（債權差押等ノ事故アルモノ數件ハ翌々年六月迄ニ）第二年整理分ハ其ノ年十二月中ニ交付金交付ヲ完了セリ。

其ノ交付金額等左ノ如シ（第二、第三表参照）

申請人員　一、四一八人

件數　一、五三〇件

交付金額　一、六〇七、二七〇圓

鹽製造者交付金ヲ交付スルニハ關係町村長及鹽業組合長ヲ立會セシメ所轄專賣官署長ヨリ製鹽從業者ヘノ交付金ヲ包含セル旨ヲ說明シテ其ノ分配ヲ勸告シ豫メ鹽製造者ヨリ提出セル製鹽從業者明細表（從業者ノ氏名交付金分配見込高ヲ明記シタルモノ）ニ基キ卽時ニ製鹽從業者ニ分配セシメ依テ製鹽勞働者ニ對スル失業手當ハ圓滿確實ニ給與セラレタリ。

失業手當

給與ヲ受ケタル製鹽從業者人員　八、六一三人

給與金額　六八九、四七四圓

(ロ)製鹽地所有者交付金

禁止製鹽地公示セラルルヤ整理地所轄專賣官署ハ製鹽地所有者ヨリ製鹽地目錄ヲ提出セシメテ製鹽許可臺帳其ノ他關係簿書ニ照合シ尚實地照査ヲ遂ケ交付金ヲ交付スヘキ製鹽地段別ヲ確定シタル後、先ツ標準地ヲ選定シテ類地賣買ノ實例、賃貸價格、地方鹽業精通者、稅務官吏、町村吏員等ノ意見ヲ參考トシテ其ノ一段當現在價格及禁止後見込價格（田畑養魚池宅地等ニ加工利用ノ見込アルモノハ縣水產農業土木技術者ニ囑託シテ其ノ加工方法ヲ設計セシメ加工費明細書ヲ徵シテ禁止後ノ見込價格ヲ定ム）ヲ見積リ之ヲ標準トシテ各製鹽地ニ比照シテ一製鹽地每ニ現在價額、禁止後見込價額及交付金額ヲ調査シテ交付金調査書ヲ作成シ交付金交付申請ヲ待ツテ更ニ之ヲ念調セリ、此ノ調査ハ當事者ノ利害關係重大ニシテ整理事務中主要ナルモノニ屬ス。第一年整理ニ當リ坂出、德島地方專賣局管內ニ於テハ整理地ニ對スル現在價額ノ決定ハ政府カ製鹽地ノ時價ヲ公定スルモノニシテ殘存鹽田ニ及ホス影響甚大ナリトノ理由ヲ以テ整理地以外ノ地主ヨリモ整理地價額決定ヲ牽制セントシ坂出、名古屋兩地方專賣局管內鹽田ニハ所謂天土權(永小作權類似ノモノ)ナル特殊ノ權利附隨セルコトヲ理由トシ又其ノ他ノ地方ニ於テモ夫々種々ノ口實ヲ以テ現在價額ノ釣上ケ或ハ禁止後ノ見込價額ノ低減ヲ劃策スルノ狀勢ニアリタリ當局ハ豫備及本調查兩期ニ於テ局員ヲ出張セシメテ地方專賣局員ヲ監督指導シテ念査改調ノ上精密ナル資料、確乎タル基礎ニ據リ公正ナル調查價額ヲ決定セシメ尙地方專賣局ハ鑑定人五名(直轄、出張所、派出所每ニ區域ヲ定メ一區鑑定人五名)ヲ選定シテ一製鹽地每ニ實地ニ就キ現在價額及禁止後見込價額ヲ鑑定セシメタルニ第一年整理、第二年整理共全國ヲ通シテ頗ル圓滿ニ鑑定ヲ了シ然モ其ノ鑑定額ハ專賣官署ノ調査額ト一致シ且後述ノ如ク確定セラレタリ。

其ノ交付金額等左ノ如シ（第二、第五表參照）

| | |
|---|---|
| 申請人員 | 一、六二〇人 |
| 件数 | 二、〇〇八件 |
| 交付金額 | 八、七六五、六八九圓 |

（ハ）建物設備器具器械所有者交付金

禁止製鹽地ノ公示ニ依リ建物設備器具器械ノ所有者ヨリ其ノ物件目錄ヲ徵シ之ヲ當該物件ノ所在ニ就キ照合シテ建坪數及箇數ヲ調査シテ交付金ヲ交付スヘキ物件ヲ確定シ先ツ標準物件ヲ選定シテ建築業

者、鍛治職、機械工等ノ意見ヲ徴シテ其ノ構成材料價額明細書ヲ作リ（簡單ナル器具ハ之ヲ除ク）其ノ一坪又ハ一箇當ノ建禁費又ハ新調購入價格及現在價格竝禁止後ノ見込價格ヲ算定シテ交付金調査書ヲ作成シ交付金交付申請書ノ提出ヲ待ツテ更ニ申請物件ヲ交付金調査書ト現實對照ノ上價額ノ當否ヲ念調シタリ。此ノ調査ニ當リテモ勿論當局員ヲシテ監督指導ニ當ラシメ調査價額ノ統一正確ヲ期シタリ。所轄專賣官署ハ以上調査決定額ニ基キ現在價額ト禁止後見込價額トノ差額ヲ物件ノ品目毎ニ其ノ所有者ト協議シタルニ第一年整理、第二年整理共ニ異議ヲ申立ツル者ナク頗ル圓滿ニ協議調ヒタリ。建物設備器具器械ニ對スル交付金額等次ノ如シ（第二、第六、第七表參照）

申請人員　四、七九九人

件　　数　　　　五、二六九件
交付金額　　一、三九九、五〇二圓

前記製鹽地以下ノ交付金關係書類ハ第一年整理分ハ其ノ年十二月ヨリ翌年三月迄ニ、第二年整理分ハ翌年三月中ニ各專賣官署分毎ニ取纒メ順次當局ニ進達セラレタルヲ以テ當局ハ關係地方專賣局員一名乃至數名ヲ事業部兼勤ト爲シテ當局當該係員ヲ補助セシメ根本的ニ書類ノ審査、計數ノ檢算ヲ爲シ製鹽地ニ在リテハ現在價額及禁止後見込價額ヲ決定シテ其ノ決定書ヲ所有者ニ交付シタリ而シテ該決定ニ對シテハ第一年整理分中大阪地方專賣局管內ニ於テ不服ヲ申立テタル裁定請求者十名アリシモ後日各自反省シ何レモ之ヲ取下ケ其ノ他ノ地方ニ在リテハ不服ヲ申立タルモノナク第二年整理分モ亦異議ノ申出ナク至極順調ニ當局ノ決定額ヲ以テ交付金額ヲ確定スルヲ得タリ。茲ニ於テ當局ハ製鹽地建物設備器具器械ノ交付金審査結了次第各專賣官署分毎ニ交付金ノ支拂手續ヲナシ所轄專賣官署ヲ通シテ之ヲ交付セシメタリ。而シテ其ノ交付ハ債權差押等ノ事故（第一年分一件）アルモノノ外ハ第一年整理分ハ整理翌年十月迄ニ、第二年整理分ハ整理翌年八月迄ニ支拂ヲ了シタリ。

尙製鹽地ニ所謂天土權（永小作權類似ノモノ）ヲ有スルモノニ對スル交付金ノ分配ハ當局ノ干與外ニ置キ一ニ當事者ノ協調ニ委ネタルモ第一年整理分第二年整理分共圓滿ニ妥協成立シタルモノノ如シ。

## 七　行政訴訟

製鹽地整理ニ關スル行政訴訟ハ東京地方專賣局管內ヨリ一件提起ヲ見タルモ元來此ノ訴訟ハ適法ナル出訴ニアラサリシヲ以テ行政裁判所ハ判決ヲ以テ之ヲ却下シタリ。

## 八 整理ノ實蹟

第一年及第二年ノ製鹽地整理ニ依リ採鹹地段別千百六十九町步、鹽生產額一億五千三十餘萬斤ニ相當スル不良製鹽地ノ淘汰整理ヲ實行シ全國ヲ通シテ何等格別ノ支障ナク平穩圓滿ニ所期ノ目的ヲ達シ交付金豫算ハ約百十四萬八千餘圓ノ剩餘ヲ見タリ。偶々整理年度ハ全國製鹽地豐作ニシテ鹽生產量ノ著シキ減少ヲ見ル能ハサリシモ整理ニ依リ過剩高價鹽平年生產額一億五千餘萬斤ノ生產ヲ抑制シ所謂原料鹽ニハ需要多キ殖民地鹽ヲ之ニ代ヘ以テ鹽需給ノ調節ヲ容易ナラシメ得タルノ外内地鹽平均生産費ヲ低下シ又移輸入鹽ノ代用ニ依ル差益増、物件費、人件費ノ節減其ノ他物價下落等ノ事情ト相俟テ昭和四年（製鹽地整理前）ノ鹽賠償價格ニ比シ同五年（第一年整理直後）ハ百斤當十六錢（二等鹽五十斤叺入以下同シ）ヲ同六年（第二年整理直後）ハ同上三十六錢ヲ低減シ鹽賣渡價格ハ昭和四年ニ比シ同五年ハ百斤當十錢ヲ更ニ同六年ハ同上四十六錢ヲ引下クルヲ得相當鹽價低減ノ目的ヲモ達成シツツアリ。

## 九　整理事務從事員ノ勤勞

地方專賣局員ハ地方專賣局長ノ監督指揮ヲ受ケ製鹽地整理準備期ニ於テハ前述ノ如ク整理計畫、候補地ノ選定、交付金額豫定等ニ關シ頻々當局ヨリ精細ナル資料調製提出ノ要求ヲ受ケ晝夜兼行克ク其ノ調査ヲ完整シテ當局ノ計畫調査ニ資シ、次テ整理實行期ニ入リテハ先ツ製鹽地ノ現在價額、禁止後見込價額ノ調査ニ付特段ノ苦心勤勞ヲ傾注シタリ卽チ整理交付金ノ大宗タル製鹽地交付金ノ決定ニ密接ノ關係アル製鹽地現在價額ハ前回（明治四十三、四年）ノ整理ニ於テハ法律ニ依リ納付鹽賠償金額ニ法定率ヲ乘シタル金額ト定メラレタルヲ以テ其ノ現在價額ニ對シテハ不服ヲ申立ツル能ハス形式的ニ決定シ居タリシモ今回ノ整理ニハ實地評價主義ヲ採リタルヲ以テ所有者、鑑定人ヨリ異見ヲ申述ヘ抗爭シ得ルノ餘地アリ且所有者ハ自然一般ニ誇大ナル申請ヲ爲ス傾向顯著ニシテ調査員及監督員カ此ノ製鹽地現在價額調査ニツキ最モ苦心シタル所以實ニ玆ニ在リ又其ノ禁止後見込價額調査ニ付テモ同様ノ念調努力ヲ要シタリ。
建物ニ付テハ柱ノ大小板瓦竹等微細ナル構成材料ニ至ルマテ其ノ箇數、價格ヲ精査シテ一棟毎ニ標準物件ニ比シ其ノ構成材料ノ多寡品等ヲ對比シテ見積價額及禁止後價額ヲ加減調査シ設備器具器械ニ在リテモ精細ニ其ノ價額ヲ念調シタルモノニシテ殊ニ其ノ調査物件ハ一製鹽場ニ付百種内外數百點ニ上ルヲ普通トスルノ例ナレハ調査ノ煩勞多大ナルモノアリ殊ニ以上ノ調査ハ夏季ヨリ冬季ニ渉リ其ノ間各調査員何レモ或ハ鹽田ヲ馳驅シテ實測考査シ又ハ評價資料ノ蒐集ニ從事シ或ハ又建物設備器具器械ノ照査ヲナス等連日早出晩退熱心忠實ニ本事業遂行ノ爲精勵シタルモノニシテ其ノ勞苦洵ニ同情スヘキモノアリタリ。

此ノ時ニ當リ地方專賣局長ハ凡ユル機會ニ於テ縣當局ヲ始メ其ノ他官民各方面ニ亘リ製鹽地整理ニ對スル諒解竝援助ヲ求ムルニ力メ又部下調査員ヲ指導シテ親切、熱心而モ嚴正以テ民部ニ折衝シタル結果關係者ヲシテ完全ニ當局ノ調査ニ信頼セシメ鑑定、協議共ニ頗ル圓滿ニ結了スルコトヲ得タリ。

更ニ中央ニ於ケル當局製鹽地整理事務關係者ハ整理計畫、整理製鹽地ノ選定、豫算資料ノ調整、法律案竝施行細則案ノ調査審議、議會ニ對スル答辯資料ノ作成、交付金ヲ交付スヘキ器具品目ノ決定、整理事務取扱手續、整理事務取扱方注意事項ノ制定等準備事務ニ關シ一年數箇月引續キ夜勤ヲ爲シ各員精勵克ク此ノ繁務ヲ辨シ以テ諸般ノ準備ヲ遂ケ整理實行期ニ入リテハ關係地方專賣局員ヲ指導督勵シテ其ノ調査ノ進行及統正ヲ圖リ出張先ニ於テモ連夜鷄鳴ヲ聞クコト稀ナラス又局ノ内外ヲ問ハス地方陳情員ヲ慰撫シテ其ノ動搖ヲ防キ更ニ交付金調査書類ノ審査ニ當リテハ會計檢査院ニ提出スヘキ支出證憑書類タル各種ノ交付金交付申請書、標準價格評決書、交付金調査書其ノ他ノ關係簿書ノ審査ニ沒頭シ精細ニ檢算念調ヲ爲ス等前後四箇年餘(自昭和二年八月至同六年八月)ノ長期間寒暑ヲ冒シテ繁務ニ堪エ遂ニ此ノ難事業ヲ完成シタルモノニシテ其ノ功勞實ニ多大ナルモノアリ。

## 第一表

# 製鹽地整理段別鹽生産高表

（單位未滿四捨五入）

| 整理年度 | 地方局名 | 整理前 採鹹地段別（町段） | 整理前 鹽生産高（千斤） | 整理 採鹹地段別（町段） | 整理 鹽生産高（千斤） | 殘存 採鹹地段別（町段） | 殘存 鹽生産高（千斤） |
|---|---|---|---|---|---|---|---|
| 昭和四年度（第一年次） | | | | | | | |
| | 東京 | 七八・五 | 三、三八二 | 七八・五 | 三、三八二 | — | — |
| | 仙臺 | 八三・五 | 七、七二七 | 四一・二 | 一、五六七 | 四二・三 | 六、一六〇 |
| | 名古屋 | 一六九・五 | 二三、八八八 | 六三・二 | 七、二〇六 | 一〇六・三 | 一六、六八二 |
| | 金澤 | 四七・四 | 五、一七五 | 一七・八 | 一、四九八 | 二九・六 | 三、六七七 |
| | 大阪 | 八九一・〇 | 一四五、九三六 | 一七八・六 | 一八、一五四 | 七一二・四 | 一二七、七八二 |
| | 坂出 | 一、四七六・七 | 三三五、六五〇 | 一二八・〇 | 二三、七〇四 | 一、三四八・七 | 三一一、九四六 |
| | 徳島 | 四六〇・六 | 九三、二三四 | 八七・九 | 一三、六七五 | 三七二・七 | 七九、五五九 |
| | 福岡 | 三三一・九 | 四二、七〇五 | 一八四・三 | 一七、三五〇 | 一四八・六 | 二五、三五五 |
| | 鹿兒島 | 一四七・〇 | 一四、一五八 | 三三・六 | 二、二七七 | 一一三・四 | 一一、八八一 |
| | 計 | 三、六八七・〇 | 六七一、八五五 | 八一三・〇 | 八八、八一三 | 二、八七四・〇 | 五八三、〇四二 |

| 整理年度 | 地方局名 | 整理前 採鹹地段別 | 整理前 鹽生産高 | 整理 採鹹地段別 | 整理 鹽生産高 | 殘存 採鹹地段別 | 殘存 鹽生産高 |
|---|---|---|---|---|---|---|---|
| 昭和五年度（第二年次） | 岡山 | 町段 四七五・三 | 千斤 二四、六八〇 | 町段 八一・七 | 千斤 一八、五六二 | 町段 三九三・六 | 千斤 九六、一一八 |
| | 廣島 | 一、五七八・九 | 二八四、七九二 | 二五一・七 | 三八、五三一 | 一、三二七・二 | 二四六、二七一 |
| | 坂出 | 一、三四八・二 | 三一一、九四六 | 二一三・四 | 四、四三〇 | 一、一三五・八 | 三〇七、五一六 |
| | 計 | 三、四〇二・四 | 七二一、四一八 | 三五六・八 | 六一、五二三 | 三、〇四六・六 | 六四九、九〇五 |
| | | | | | | | |
| 合計 | | 五、七四一・二 | 一、〇七一、三三七 | 一、一六八・八 | 一五〇、三三五 | 四、五七二・九 | 九二一、〇〇一 |
| 整理前ニ對スル割合 | | ／ | ／ | 割分厘 、二〇四 | 割分厘 、一四〇 | 割分厘 、七九六 | 割分厘 、八六〇 |

備考

一　整理前採鹹地段別ハ製鹽禁止當日現在ノ採鹹地段別ヲ、各欄ノ生産高ハ大正十四年昭和元年昭和二年ノ三箇年平均鹽生産高ヲ掲記セリ

二　坂出地方局ハ兩年度ニ渉リ整理シタル關係上整理前及殘存段別ハ重複ニ掲上シアルニ依リ合計ニハ整理前段別ハ四年度分ヲ、殘存段別ハ五年度分ノミヲ合計ニ計入セリ

三　内容ノ集計ト合計ト符合セサルモノアルハ單位未滿四捨五入シタルニ因ル以下各表皆同シ

## 第二表　整理交付金申請件數及人員數

整理年度：昭和四年度（第一年次）

| 地方局名 | 鹽製造者 件數 | 鹽製造者 人員 | 製鹽地 件數 | 製鹽地 人員 | 建物 件數 | 建物 人員 | 設備器具器械 件數 | 設備器具器械 人員 | 計 件數 | 計 人員 |
|---|---|---|---|---|---|---|---|---|---|---|
| 東京 | 二一件 | 一九人 | 三五件 | 一四人 | 三五件 | 二四人 | 六六件 | 九九人 | 一五七件 | 一一六人 |
| 仙臺 | 五〇 | 四九 | 四八 | 四八 | 四四 | 四四 | 一二八 | 一二八 | 二七〇 | 二六九 |
| 名古屋 | 三四三 | 三三九 | 四九一 | 三七〇 | 二七七 | 二七六 | 七一六 | 七〇七 | 一、八二七 | 一、六九二 |
| 金澤 | 一〇〇 | 一〇〇 | 一二六 | 一一三 | 九八 | 九三 | 三一〇 | 二七六 | 六三四 | 五八二 |
| 大阪 | 六二 | 五五 | 七〇 | 四七 | 八四 | 五一 | 一八九 | 一三九 | 四〇五 | 二九二 |
| 坂出 | 一四九 | 一二六 | 二五九 | 二〇三 | 二四七 | 二三三 | 四六五 | 四一三 | 一、一二〇 | 九四三 |
| 徳島 | 三八 | 三二 | 四六 | 四〇 | 五八 | 四八 | 一〇〇 | 八六 | 二四二 | 二〇六 |
| 福岡 | 一三三 | 一二七 | 一七二 | 一四八 | 一四二 | 一三四 | 二五五 | 二三三 | 六九一 | 六二三 |
| 鹿兒島 | 三二七 | 三三六 | 三四四 | 三一〇 | 二〇〇 | 一九 | 七三八 | 七三五 | 一、六〇九 | 一、五七〇 |
| 計 | 一、二二三 | 一、一五三 | 一、五九一 | 一、二九三 | 一、一八五 | 一、〇七一 | 二、九六七 | 二、七七六 | 六、九五五 | 六、二九二 |

| 整理年度 | 地方局名 | 塩製造者 件數 | 塩製造者 人員 | 製塩地 件數 | 製塩地 人員 | 建物 件數 | 建物 人員 | 設備器具器械 件數 | 設備器具器械 人員 | 計 件數 | 計 人員 |
|---|---|---|---|---|---|---|---|---|---|---|---|
| 昭和五年度(第二年次) | 岡山 | 八四件 | 七四人 | 一八四件 | 一五四人 | 一七〇件 | 一四七人 | 二七六件 | 二三八人 | 七一四件 | 六三人 |
| | 廣島 | 二〇一 | 一六四 | 二〇三 | 一五八 | 二四〇 | 二一一 | 三八〇 | 三二九 | 一、〇二四 | 八六二 |
| | 坂出 | 三三 | 二七 | 三〇 | 一六 | 二五 | 一三 | 二六 | 一四 | 一一四 | 七〇 |
| | 計 | 三一八 | 二六五 | 四一七 | 三二八 | 四三五 | 三七一 | 六八二 | 五八一 | 一、八五二 | 一、五四五 |
| 昭和四年度 | | | | | | | | | | | |
| 昭和五年度 | 合計 | 一、五三〇 | 一、四一八 | 二、〇〇八 | 一、六二〇 | 一、六二〇 | 一、四四二 | 三、六四九 | 三、三五七 | 八、八〇七 | 七、八三七 |

第三表　鹽製造者ニ對スル轉業交付金額表　（圓未滿四捨五入）

| 整理年度 | 地方局名 | 自大正十四年至昭和二年平均納付鹽賠償金額 | 交付金額 | 鹽製造者 人員 | 鹽製造者 一人當交付金 | 從業者 人員 | 從業者 一人當交付金 |
|---|---|---|---|---|---|---|---|
| 昭和四年度（第一年次） | 東京 | 圓 一四一、〇一六 | 圓 四九、三三五 | 人 一九 | 圓 一、四八〇 | 人 一三 | 圓 一三九 |
| | 仙臺 | 九四、六五八 | 三三、一三〇 | 四九 | 三八六 | 二六 | 五五 |
| | 名古屋 | 二四四、一九六 | 八五、四六七 | 三九 | 一四 | 五九二 | 六二 |
| | 金澤 | 六〇、二〇〇 | 二一、〇七〇 | 一〇〇 | 一三〇 | 三四一 | 二七 |
| | 大阪 | 五四三、三〇三 | 一九〇、一五六 | 五五 | 一、九七六 | 七六九 | 一〇六 |
| | 坂出 | 七一四、五二四 | 二五〇、〇八三 | 一一六 | 一、一三一 | 一、一三七 | 八七 |
| | 德島 | 四一九、〇一三 | 一四六、六五四 | 三 | 二、六一九 | 五二一 | 三 |
| | 福岡 | 四二四、九四六 | 一四八、七三〇 | 一一七 | 七二四 | 一、〇二八 | 六二 |
| | 鹿兒島 | 九八、九六五 | 三四、六三六 | 三六 | 六一 | 八三〇 | 一八 |
| | 計平均 | 二、七四〇、八二二 | 九五九、二八一 | 一、一五三 | 四七五 | 五、七二七 | 七二 |

| 整理年度 | 地方局名 | 自大正十四年至昭和二年平均納付鹽賠償金額 | 交付金額 | 鹽製造者 人員 | 鹽製造者 一人當交付金 | 從業者 人員 | 從業者 一人當交付金 |
|---|---|---|---|---|---|---|---|
| 昭和五年度（第二年次） | 岡山 | 五五〇、七一三圓 | 一九二、七四九圓 | 七四人 | 一、四八八圓 | 七〇八人 | 一二七圓 |
| | 廣島 | 一、一六五、五九三 | 四〇七、九五七 | 一六四 | 一、四二二 | 一、九五七 | 八九 |
| | 坂出 | 一三五、〇九三 | 四七、二八三 | 二七 | 一、〇〇〇 | 二二一 | 九二 |
| | 計平均 | 一、八五一、四〇〇 | 六四七、九八八 | 二六五 | 一、三九七 | 二、八八六 | 九六 |
| | | | | | | | |
| 昭和四年度 昭和五年度 | 合計平均 | 四、五九二、二三〇 | 一、六〇七、二七〇 | 一、四一八 | 六四七 | 八、六一三 | 八〇 |

# 第四表　製鹽地見積價額禁止後見積價額比較表

（圓未滿四捨五入）

整理年度：昭和四年度（第一年次）

| 地方局名 | 見積價額 申請額 | 調査額 | 鑑定額 | 決定額 | 決定額ニ對スル増△減 申請額 | 調査額 | 鑑定額 | 禁止後見込價額 申請額 | 調査額 | 鑑定額 | 決定額 | 決定額ニ對スル増△減 申請額 | 調査額 | 鑑定額 |
|---|---|---|---|---|---|---|---|---|---|---|---|---|---|---|
| | 圓 | 圓 | 圓 | 圓 | 圓 | 圓 | 圓 | 圓 | 圓 | 圓 | 圓 | 圓 | 圓 | 圓 |
| 東京 | 三一六、八三七 | 三一六、八三七 | 三一六、八三七 | 三一六、八三七 | — | — | — | 九六、七六九 | 九六、七六九 | 九六、七六九 | 九六、七六九 | — | — | — |
| 仙臺 | 一四八、三九〇 | 一一八、七四六 | 一一八、七四六 | 一一八、七四六 | 二九、六四四 | — | — | 九、二四四 | 九、二五六 | 九、二五六 | 九、二五六 | △一二 | — | — |
| 名古屋 | 六五〇、〇二六 | 六五〇、〇二六 | 六五〇、〇二六 | 六五〇、〇二六 | — | — | — | 四〇、三八一 | 四〇、三八一 | 四〇、三八一 | 四〇、三八一 | — | — | — |
| 金澤 | 八七、一〇四 | 八五、〇三一 | 八四、九六三 | 八五、〇三一 | 二、〇七三 | — | △六八 | 一六、九五八 | 一七、二四八 | 一七、二四八 | 一七、二四八 | △二八九 | — | — |
| 大阪 | 二、六七二、六八六 | 一、一七一、四九八 | 一、一七一、四九八 | 一、一七一、四九八 | 一、五〇一、一八八 | — | — | 七〇、九三九 | 一二四、七九七 | 一二四、七九七 | 一二四、七九七 | △五三、八五八 | — | — |
| 坂出 | 一、七九一、八二三 | 一、三七七、四三五 | 一、三七七、四三五 | 一、三七七、四三五 | 四一四、三八八 | — | — | 五八、三七一 | 八八、七〇一 | 八八、七〇一 | 八八、七〇一 | △三〇、三三〇 | — | — |
| 德島 | 一、三七五、二四六 | 八六六、三六八 | 八六六、三六八 | 八六六、三六八 | 五〇八、八七八 | — | — | 八、五八一 | 四一、一五五 | 四一、一五五 | 四一、一五五 | △三二、五七四 | — | — |
| 福岡 | 一、七四七、三八八 | 九〇四、〇一三 | 九〇四、〇一三 | 九〇四、〇一三 | 八四三、三七五 | — | — | 三八、六五三 | 九五、五五二 | 九五、五五二 | 九五、五五二 | △五六、八九九 | — | — |
| 鹿兒島 | 九四、四八八 | 九四、六七四 | 九四、六七四 | 九四、六七四 | △一八六 | — | — | 三、七五九 | 三、七六〇 | 三、七六〇 | 三、七六〇 | △一 | — | — |
| 計 | 八、八八三、九八八 | 五、五八四、六二八 | 五、五八四、五五九 | 五、五八四、六二八 | 三、二九九、三六一 | — | △六八 | 三四二、六五五 | 五一七、六一九 | 五一七、六一九 | 五一七、六一九 | △一七三、九六五 | — | — |

| 整理年度 | 地方局名 | 見積價額 申請額 | 見積價額 調査額 | 見積價額 鑑定額 | 見積價額 決定額 | 見積價額 決定額ニ對スル增△減 申請額 | 見積價額 決定額ニ對スル增△減 調査額 | 見積價額 決定額ニ對スル增△減 鑑定額 | 禁止後見込價額 申請額 | 禁止後見込價額 調査額 | 禁止後見込價額 鑑定額 | 禁止後見込價額 決定額 | 禁止後見込價額 決定額ニ對スル增△減 申請額 | 禁止後見込價額 決定額ニ對スル增△減 調査額 | 禁止後見込價額 決定額ニ對スル增△減 鑑定額 |
|---|---|---|---|---|---|---|---|---|---|---|---|---|---|---|---|
| | | 圓 | 圓 | 圓 | 圓 | 圓 | 圓 | 圓 | 圓 | 圓 | 圓 | 圓 | 圓 | 圓 | 圓 |
| 昭和五年度(第二年次) | 岡山 | 一、〇五一、四〇二 | 一、〇四五、三〇一 | 一、〇四五、三〇一 | 一、〇四五、三〇一 | 六、一〇一 | — | — | 七六、五七五 | 七六、九八四 | 七六、九八四 | 七六、九八四 | △四〇九 | — | — |
| | 廣島 | 四、三五一、〇五四 | 三、〇九二、二一五 | 三、〇九二、二一五 | 三、〇九二、二一五 | 一、二五八、八三八 | — | — | 五四四、六三一 | 六一九、八六一 | 六一九、八六一 | 六一九、八六一 | △七五、二三〇 | — | — |
| | 坂出 | 二九五、七三一 | 二七七、六一三 | 二七七、六一三 | 二七七、六一三 | 一八、一一八 | — | — | 五、五七四 | 一八、二一〇 | 一八、二一〇 | 一八、二一〇 | △一二、六四六 | — | — |
| | 計 | 五、六九八、一八七 | 四、四一五、一三〇 | 四、四一五、一三〇 | 四、四一五、一三〇 | 一、二八三、〇五七 | — | — | 六二六、七八一 | 七一五、〇六六 | 七一五、〇六六 | 七一五、〇六六 | △八八、二八五 | — | — |
| | | | | | | | | | | | | | | | |
| 昭和四年度昭和五年度 | 合計 | 一四、五八二、一七五 | 九、九九九、七五七 | 九、九九九、六八九 | 九、九九九、七五七 | 四、五八二、四一八 | — | △六八 | 九七〇、四三五 | 一、二三一、六八五 | 一、二三一、六八五 | 一、二三一、六八五 | △二六一、二四九 | — | — |

備考

一 金澤地方專賣局ニ於テ鑑定價額ニ比シ調査額ノ高キハ鑑定價格ハ段當圓位ニ止メタルモノニ段別ヲ乘シタルニ調査額決定額ハ標準評決價格厘位止メノモノニ段別ヲ乘シタルニ依ル

二 鹿兒島地方專賣局ニ於テ申請額ニ比シ見積價額欄調査、鑑定、決定額ノ高キハ製鹽地共有ニシテ其ノ共有權者中交付金申請ヲ棄權シタルモノアリタルモ當該製鹽地ノ見積價額、鑑定額、決定額ハ全製鹽地ニ對スルモノヲ定メタルモノアルニ依ル(交付金ハ申請者ノ持分ニ對スルモノノミヲ交付セリ)

# 第五表　製鹽地見積價額、禁止後見込價額及交付金額表

（圓未滿四捨五入）

整理年度：昭和四年度（第一年次）

| 地方局名 | 整理段別 | 採鹹地見積價額 | 禁止後見込價額 | 交付金額 | 一段當 見積價格 | 一段當 禁止後見込價格 | 一段當 差引交付金 |
|---|---|---|---|---|---|---|---|
| | 町段 | 圓 | 圓 | 圓 | 圓 | 圓 | 圓 |
| 東京 | 七八・五 | 三一六、八三七 | 九六、七六九 | 二二〇、〇六八 | 四〇四 | 一二三 | 二八〇 |
| 仙臺 | 四一・二 | 一一八、七四六 | 九、二五六 | 一〇九、一九二 | 二八八 | 二三 | 二六五 |
| 名古屋 | 六三・二 | 六五〇、〇二六 | 四〇、三八一 | 六〇九、五六〇 | 一、〇二九 | 六四 | 九六四 |
| 金澤 | 一七・八 | 八五、〇三一 | 一七、二四八 | 六七、七八三 | 四七八 | 九七 | 三八一 |
| 大阪 | 一七八・六 | 一、一七一、四九八 | 一二四、七九七 | 一、〇四六、七〇一 | 六五六 | 七〇 | 五八六 |
| 坂出 | 一二八・〇 | 一、三七七、四三五 | 八八、七〇一 | 一、二八八、七三四 | 一、〇七六 | 六九 | 一、〇〇七 |
| 德島 | 八七・九 | 八六六、三六八 | 四一、一五五 | 八二五、二一三 | 九八六 | 四七 | 九三九 |
| 福岡 | 一八四・三 | 九〇四、〇一三 | 九五、五五二 | 八〇七、六九三 | 四九一 | 五二 | 四三八 |
| 鹿兒島 | 三三・六 | 九四、六七四 | 三、七六〇 | 九〇、六九八 | 二八二 | 一一 | 二七〇 |
| 計平均 | 八一三・〇 | 五、五八四、六二八 | 五一七、六一九 | 五、〇六五、六四二 | 六八七 | 六四 | 六二三 |

| 整理年度 | 地方局名 | 整理採鹹地段別 | 見積價額 | 禁止後見込價額 | 交付金額 | 一段歩當 見積價格 | 一段歩當 禁止後見込價格 | 一段歩當 差引交付金 |
|---|---|---|---|---|---|---|---|---|
| 昭和五年度（第二年次） | 岡山 | 町段 八一・七 | 圓 一、〇四五、三〇一 | 圓 七六、九八四 | 圓 九六八、三一七 | 圓 一、二七九 | 圓 九四 | 圓 一、一八五 |
| | 廣島 | 二五一・七 | 三、〇九二、二二五 | 六一九、八六一 | 二、四七二、三三七 | 一、二三九 | 二四六 | 九八二 |
| | 坂出 | 二二・四 | 二七七、六一三 | 一八、二二〇 | 二五九、三九三 | 一、二三九 | 八一 | 一、一五八 |
| | 計平均 | 三五五・八 | 四、四一五、一三〇 | 七一五、〇六六 | 三、七〇〇、〇四七 | 一、二四一 | 二〇一 | 一、〇四〇 |
| | | | | | | | | |
| 昭和四年度 昭和五年度 | 合計 平均 | 一、一六八・八 | 九、九九九、七五七 | 一、二三二、六八五 | 八、七六五、六八九 | 八五六 | 一〇五 | 七五〇 |

備考

仙臺、名古屋、福岡、鹿兒島、廣島各地方局分ニ於テ見積價額ト禁止後見込價額トノ差額カ交付金額ト一致セサルハ共有ニ係ル製鹽地ニシテ共有權者中交付金交付申請權ヲ拋棄シタル者アリタルモ其ノ製鹽地ノ見積價額、禁止後見込價額ハ全製鹽地ニ對スルモノヲ決定シ交付金ハ申請者ノ持分ニ對スルモノノミヲ交付シタルニ因ル

## 第六表　建物見積價額、禁止後見込價額及交付金額表

（圓未滿四捨五入）

整理年度　昭和四年度（第一年次）

| 地方局名 | 製鹽場數 | 見積價額 | 禁止後見込價額 | 差引交付金額 | 一場當 見積價額 | 一場當 禁止後見込價額 | 一場當 差引交付金額 | 採鹹地一段歩當交付金額 |
|---|---|---|---|---|---|---|---|---|
| | 戸 | 圓 | 圓 | 圓 | 圓 | 圓 | 圓 | 圓 |
| 東京 | 二一 | 一一、三九七 | 七六三 | 一〇、六三四 | 五四三 | 三六 | 五〇六 | 一四 |
| 仙臺 | 五 | 一六、九五四 | 一、四七四 | 一五、四八〇 | 三、三九一 | 二九五 | 三、〇九六 | 三八 |
| 名古屋 | 二六九 | 二四、二六六 | 三、〇六二 | 二一、二〇四 | 九〇 | 一一 | 七九 | 三四 |
| 金澤 | 九八 | 五、四六二 | 一、四四八 | 四、〇一四 | 五六 | 一五 | 四一 | 三三 |
| 大阪 | 五〇 | 八五、九八一 | 一〇、一四五 | 七五、八三六 | 一、七二〇 | 二〇三 | 一、五一七 | 四二 |
| 坂出 | 六八 | 九五、一九七 | 九、七七一 | 八五、四二六 | 一、四〇〇 | 一四四 | 一、二五六 | 六七 |
| 徳島 | 三〇 | 三一、八八二 | 八、四一八 | 二三、四六四 | 四、〇六三 | 二八一 | 三、七八二 | 三九 |
| 福岡 | 四一 | 八〇、九九九 | 一二、四四八 | 六八、五五一 | 一、九七六 | 三〇四 | 一、六七二 | 三七 |
| 鹿児島 | 一六五 | 九、七一七 | 七二三 | 八、九九四 | 五九 | 四 | 五五 | 二七 |
| 計平均 | 七四七 | 四五一、八五五 | 四八、二五一 | 四〇三、六〇四 | 六〇五 | 六五 | 五四〇 | 五〇 |

| 整理年度 | 地方局名 | 製鹽場數 | 見積價額 | 禁止後見込價額 | 差引交付金額 | 一場當 見積價額 | 一場當 禁止後見込價額 | 一場當 差引交付金額 | 採鹹地一段歩當交付金額 |
|---|---|---|---|---|---|---|---|---|---|
| 昭和五年度（第二年次） | 岡山 | 五四戸 | 六〇、六九九圓 | 七、一二三圓 | 五三、五三七圓 | 一、一二四圓 | 一三三圓 | 九九一圓 | 六六圓 |
| | 廣島 | 一三〇 | 三〇四、五六七 | 三五、一六四 | 二六九、四〇二 | 二、三四三 | 二七〇 | 二、〇七二 | 一〇七 |
| | 坂出 | 一三 | 一六、八三五 | 三、四一二 | 一三、四二三 | 一、二九五 | 二六二 | 一、〇三三 | 六〇 |
| | 計平均 | 一九七 | 三八二、一〇一 | 四五、七三九 | 三三六、三六二 | 一、九四〇 | 二三三 | 一、七〇七 | 九五 |
| | | | | | | | | | |
| 昭和四年度 昭和五年度 | 合計平均 | 九四四 | 八三三、九五五 | 九三、九九〇 | 七三九、九六六 | 八八三 | 一〇〇 | 七八四 | 六三 |

備考

一　製鹽場數ハ交付金ヲ受ケタル場數トス、尙一製鹽場ノ一部整理ノモノハ場數ヨリ除外ス

## 第七表　設備器具器械見積價額、禁止後見込價額及交付金額表（圓未滿四捨五入）

| 整理年度 | 地方局名 | 製鹽場數 | 見積價額 | 禁止後見込價額 | 差引交付金額 | 一場當 見積價額 | 一場當 禁止後見込價額 | 一場當 差引交付金額 | 採鹹地一段歩當交付金額 |
|---|---|---|---|---|---|---|---|---|---|
| 昭和四年度（第一年次） | 東京 | 二一戸 | 二四、五二七圓 | 一、八七〇圓 | 二二、六五七圓 | 一、一六八圓 | 八九圓 | 一、〇七九圓 | 二九圓 |
| | 仙臺 | 五 | 一八、五六六 | 一、〇一三 | 一七、五五三 | 三、七一三 | 二〇三 | 三、五一一 | 四三 |
| | 名古屋 | 二六九 | 七二、二五〇 | 七、七二九 | 六四、五二一 | 二六九 | 二九 | 二四〇 | 一〇三 |
| | 金澤 | 九八 | 一四、五六八 | 一、八一四 | 一二、七五四 | 一四九 | 一九 | 一三〇 | 七一 |
| | 大阪 | 五〇 | 五八、一〇七 | 八、六五一 | 四九、四五六 | 一、一六二 | 一七三 | 九八九 | 二八 |
| | 坂出 | 六八 | 九一、〇八四 | 七、六〇八 | 八三、四七六 | 一、三三九 | 一一二 | 一、二二八 | 六五 |
| | 德島 | 三〇 | 六二、四八一 | 六、二八〇 | 五六、二〇一 | 二、〇八三 | 二〇九 | 一、八七三 | 六四 |
| | 福岡 | 四一 | 一二五、〇二九 | 九、三一一 | 一一五、七一七 | 三、〇四九 | 二二七 | 二、八二三 | 六三 |
| | 鹿兒島 | 一六五 | 三六、一五〇 | 五、四七五 | 三〇、六七五 | 二一九 | 三三 | 一八六 | 九一 |
| | 計平均 | 七四七 | 五〇二、七六三 | 四九、七五二 | 四五三、〇一一 | 六七三 | 六七 | 六〇六 | 五六 |

| 整理年度 | 地方局名 | 製鹽場數 | 見積價額 | 禁止後見込價額 | 差引交付金額 | 一場當 見積價額 | 一場當 禁止後見込價額 | 一場當 差引交付金額 | 採鹹地一段歩當交付金額 |
|---|---|---|---|---|---|---|---|---|---|
| 昭和五年度（第二年次） | 岡山 | 五四戸 | 四六,八五五圓 | 四,五五六圓 | 四二,三〇〇圓 | 八六八圓 | 八四圓 | 七八三圓 | 五二圓 |
| | 廣島 | 一三〇 | 一六一,五七〇 | 一一,一〇〇 | 一五〇,四七〇 | 一,二四三 | 八四 | 一,一五七 | 六〇 |
| | 坂出 | 一三 | 一四,七二八 | 九七三 | 一三,七五五 | 一,一三三 | 七五 | 一,〇五八 | 六一 |
| | 計平均 | 一九七 | 二二三,一五四 | 一六,六三〇 | 二〇六,五二四 | 一,一三二 | 八四 | 一,〇四八 | 五八 |
| | | | | | | | | | |
| 昭和四年度 昭和五年度 | 合計平均 | 九四四 | 七二五,九一七 | 六六,三八二 | 六五九,五三六 | 七六九 | 七〇 | 六九九 | 五六 |

## 第八表　整理交付金總括一覽表

（圓未滿四捨五入厘位切捨額控除）

整理年度　昭和四年度（第一年次）

| 地方局名 | 鹽製造者交付金額 | 製鹽地交付金額 | 建物交付金額 | 設備器具器械交付金額 | 交付金計 | 製鹽場一場當交付金額 | 採鹹地一町步當交付金額 | 製鹽一萬斤當交付金額 |
|---|---|---|---|---|---|---|---|---|
| 東京 | 圓 四九、三五五 | 圓 三三〇、〇六八 | 圓 一〇、六三四 | 圓 三、六五七 | 圓 三九三、七一五 | 圓 一四、四一五 | 圓 三、八五六 | 圓 八九五 |
| 仙臺 | 三三、一三〇 | 一〇九、一九二 | 一五、四八〇 | 一七、五五三 | 一七五、三五五 | 三五、〇七一 | 四、二五六 | 一、一一九 |
| 名古屋 | 八五、四六七 | 六〇九、五六〇 | 二一、二〇四 | 六四、五二一 | 七八〇、七五〇 | 二、九〇二 | 三、三五四 | 一、〇八三 |
| 金澤 | 三〇、〇七〇 | 六七、七八三 | 四、〇一四 | 三、七五四 | 一〇五、六二一 | 一、〇七八 | 五、九三四 | 七〇五 |
| 大阪 | 一九〇、一五六 | 一、〇四六、七〇一 | 七五、八三六 | 四九、四五六 | 一、三六二、一四八 | 二七、二四三 | 七、六二七 | 七五〇 |
| 坂出 | 二五〇、〇八三 | 一、二八八、七三四 | 八五、四二六 | 八三、四七六 | 一、七〇七、七一七 | 二五、一一三 | 一三、三四二 | 七一〇 |
| 德島 | 一四六、六五四 | 八二五、二一三 | 一一三、四六四 | 五六、二〇一 | 一、一四一、五三二 | 三八、〇五一 | 三、九八七 | 八三五 |
| 福岡 | 一四八、七三〇 | 八〇七、六九三 | 六八、五五一 | 一一五、七一七 | 一、一四〇、六九一 | 二七、八三三 | 六、一八九 | 六五七 |
| 鹿兒島 | 三四、六三六 | 九〇、六九八 | 八、九九四 | 三〇、六七五 | 一六五、〇〇一 | 一、〇〇〇 | 四、九一一 | 七三五 |
| 計平均 | 九五九、二八一 | 五、〇六五、六四二 | 四〇三、六〇四 | 四五三、〇一一 | 六、八八一、五三〇 | 九、二一三 | 八、四六四 | 七七五 |

| 整理年度 | 地方局名 | 鹽製造者交付金額 | 製鹽地交付金額 | 建物交付金額 | 設備器具器械交付金額 | 交付金計 | 製鹽場一場當交付金額 | 採鹹地一町歩當交付金額 | 製鹽一萬斤當交付金額 |
|---|---|---|---|---|---|---|---|---|---|
| 昭和五年度（第二年次） | 岡山 | 一九二、七四九圓 | 九六八、三一七圓 | 五三、五三七圓 | 四二、三〇〇圓 | 一、二五六、九〇一圓 | 三、二七六圓 | 一五、三八四圓 | 六七七圓 |
| | 廣島 | 四〇七、九五七 | 二、四七二、三三七 | 二六九、四〇二 | 一五〇、四七〇 | 三、三〇〇、一六五 | 二五、三八六 | 三、一一三 | 八五七 |
| | 坂出 | 四七、二八三 | 二五九、三九三 | 一三、四二三 | 一三、七五五 | 三三三、八五四 | 二五、六八一 | 一四、九〇四 | 七五四 |
| | 計平均 | 六四七、九八八 | 三、七〇〇、〇四七 | 三三六、三六二 | 二〇六、五二四 | 四、八九〇、九一九 | 二四、八二七 | 一三、七四六 | 七九五 |
| | | | | | | | | | |
| 昭和四年度 昭和五年度 | 合計平均 | 一、六〇七、二七〇 | 八、七六五、六八九 | 七三九、九六六 | 六五九、五三六 | 一一、七七二、四四九 | 三、四七一 | 一〇、〇七二 | 七八三 |

備考

製鹽地整理交付金豫算額　一二、九二〇、六五五圓

同　交付額　一一、七七二、四四九圓

差引剩餘額　一、一四八、二〇六圓

## 第九表 明治四十三年度 同四十四年度 製鹽地整理段別鹽生產高表

（單位未滿四捨五入）

| | 整理前 | 整理 | 殘存 |
| --- | --- | --- | --- |
| 採鹹地段別 | 七、八五九、九町段 | 一、七七〇、三町段 | 六、〇八九、七町段 |
| 生產高 鹽 | 九九一、五一三千斤 | 一〇八、八五四千斤 | 八八二、六五九千斤 |
| 生產高 鹹水 | 二八、三六五石 | 二八、三六五石 | 〇石 |

附記

製鹽地整理交付金豫算額 三、二〇〇、〇〇〇圓

同 交付額 二、六八二、二五六圓

差引剩餘額 五一七、七四四圓

昭和四年度
昭和五年度 製塩地整理概況報告書

定価 2,970 円（本体 2,700 円＋税 10%）

編者：専売局

発行日：2021 年 9 月 25 日　　初版

発行元：公益財団法人塩事業センター

発売元：株式会社デジタルパブリッシングサービス
東京都新宿区西五軒町 1-13　清水ビル 3F
Tel：03-5225-6061

印刷・製本：株式会社デジタルパブリッシングサービス


ISBN978-4-86143-521-8